LAJI WANGGUO LIXIANJI

垃圾王国历险记 ④

环保小卫士

《环境生态学》杂志 ◎ 主编
徐海云 李金惠 ◎ 科学顾问

吉林科学技术出版社

U0376378

图书在版编目（CIP）数据

环保小卫士 / 《环境生态学》杂志主编 . -- 长春：
吉林科学技术出版社 , 2020.12
（垃圾王国历险记）
ISBN 978-7-5578-7633-3

Ⅰ . ①环… Ⅱ . ①环… Ⅲ . ①环境保护－儿童读物
Ⅳ . ① X-49

中国版本图书馆 CIP 数据核字 (2020) 第 193656 号

垃圾王国历险记
LAJI WANGGUO LIXIANJI

环保小卫士
HUANBAO XIAOWEISHI

主　　　编　《环境生态学》杂志
科 学 顾 问　徐海云　李金惠
绘　　　者　黄雪军
出 版 人　宛　霞
责 任 编 辑　朱　萌
装 帧 设 计　宸唐文化发展有限公司
幅 面 尺 寸　212 mm×227 mm
开　　本　20
印　　张　2.6
字　　数　50 千字
印　　数　1-6 000 册
版　　次　2020 年 12 月第 1 版
印　　次　2020 年 12 月第 1 次印刷

出　　版　吉林科学技术出版社
发　　行　吉林科学技术出版社
地　　址　长春市福祉大路 5788 号
邮　　编　130118
发行部电话 / 传真　0431-81629529　81629530　81629531
　　　　　　　　　　　81629532　81629533　81629534
储运部电话　0431-86059116
编辑部电话　0431-81629518
印　　刷　吉林省吉广国际广告股份有限公司

书　　号　ISBN 978-7-5578-7633-3
定　　价　24.80 元

如有印装质量问题 可寄出版社调换
版权所有 翻印必究

前言

　　垃圾也有自己的世界，听起来是不是很不可思议呢？其实垃圾也有自己的生存法则。垃圾的种类很多，不同的种类归宿也不相同，有的垃圾可以再使用，有的垃圾可以变废为宝。我们应该让垃圾物尽其用，发挥最大的价值。

　　垃圾分类是我们科学、合理处理处置垃圾的首道工序。在我们的生活中，人人都应该进行科学的垃圾分类，从而使后续的垃圾处理工作更加顺利，降低我们对自然的污染。

　　小朋友们，让我们跟着书中的主人公一起学会日常的垃圾分类，并宣传垃圾分类的重要性，为我们的生存环境贡献自己的一份力量吧！

米小洁

罗小拉

罗小拉在垃圾王国里，不仅学到了垃圾分类的知识，而且懂得向周围的人宣讲，也更爱这颗美丽的星球了。

环保军队的指挥官找到罗小拉，说需要他执行一项艰巨而光荣的任务。

"什么？让我回去？" 罗小拉非常吃惊。

"对！只学会处理垃圾远远不够，还要从源头抓起。"指挥官大声说，"我们相信，你回到了人类的世界，也能成为合格的环保小卫士。"

"只有这样的小卫士不断增加，垃圾王国的领土才会逐渐缩小，这是大家的心愿。也是我对你的期望。"指挥官接着说。

　　罗小拉也被指挥官的心愿感动了，眼里还含着泪花地说："好，我即刻启程。"

　　"罗小拉，你回去准备怎么做垃圾分类呀？"再次乘坐海龟爷爷的垃圾回收船，甲板上的罗小拉陷入了沉思。

　　"我想想看！啊，有了。"罗小拉的眼睛转来转去地说。

　　"我也有计划，不如我们分别写在纸上。看看谁的更好？"米小洁把纸递过来。两分钟后，两个小伙伴摊开纸。

　　"回去就成立一个垃圾分类宣传小分队，让大家都知道垃圾分类的重要性。"罗小拉说。

　　"哈哈，我们想到一块儿去了。"米小洁开心地说。

米小洁从课桌里挤了出来。哗啦！随着出来的还有罗小拉和他课桌里面的垃圾。

墙上的时钟嘀嗒嘀嗒地走着，和他们离开时的时间一模一样。

"原来垃圾王国和我们是平行世界，时间互相不受影响。"米小洁解释说。

罗小拉看看一地的垃圾，皱了皱眉头。

"我来帮忙……"米小洁去卫生角拿来扫帚。

罗小拉摇了摇头："祸是我闯的，当然要自己好好收拾了。"

罗小拉正忙着收拾呢，咚的一声！一个球不轻不重地砸在他的后背上。原来是他的好朋友，足球前锋王大宝。

"哎呀！正找你呢，没了你这个后卫，我们都要被人打败啦！"王大宝咋咋呼呼地喊起来，"你在这儿磨蹭什么，还不快跟我走。"

罗小拉却把扫帚塞到他的手里："来得正好，我看你的课桌也需要打扫了，我们一起行动，不要放过害害大王，让他到垃圾王国里去啊！"

"什么大王？"王大宝很疑惑。

"这件事说来话长，你先和我打扫。"

王大宝笑嘻嘻地摇摇手，把扫帚还给了罗小拉。"虽然我不知道你怎么变成这样，不过，接着！"王大宝说着把一个捏扁的可乐罐子扔给了罗小拉。

"你慢慢打扫，我玩球儿去咯。"王大宝边说边跑了出去。

操场上传来王大宝的阵阵笑声。听得罗小拉心里痒痒的。不过他决定要打扫干净再去玩。因为他是个说到做到的男子汉！

"哇，终于打扫干净了！可以出去玩啦！"罗小拉兴奋地说。

米小洁在罗小拉的课桌一侧贴了张纸条："注意保持！"

"收到！"罗小拉认真地说，并和米小洁击掌。

几天坚持下来，罗小拉周围的环境与原来相比简直是换了个样子。

"听说你在组织环保小分队，想不想知道垃圾都去了哪儿？"周末，罗小拉的李叔叔到家里做客，兴冲冲地问罗小拉，"**我们高科技垃圾发电厂最近有开放日活动，要不要去看看？**"

"**好呀，我还要带上米小洁和王大宝一起去。**"罗小拉兴奋地说。

　　"臭烘烘的垃圾有什么可看的。"王大宝嘟嘟囔囔地抱怨着，"要不是因为我们是好朋友，我才不来。给你看看我的装备！"

　　一下车，王大宝就拿出了一个类似防毒面具的面罩："这可是我昨天特意买来的！唉，可惜没有更大的防护服，不然我想把自己全身都包起来。"

　　李叔叔哈哈大笑起来："你闻闻，一点儿味道都没有，我们是不会让臭味儿跑出去的。"

“我不，我不！”王大宝的头摇晃得像拨浪鼓，想不到米小洁从他身后出手，一下子抢走了他的面罩。

“还给我！”王大宝追着米小洁不知不觉在车间里跑起来。

“有——有味道吗？”王大宝愣了。

李叔叔告诉大家："秘密就是这个巨大的储存坑。环卫工人收集生活垃圾中的其他垃圾，由垃圾运输车运往生活垃圾发电厂焚烧处理。如果没有生活垃圾焚烧发电厂会把它们运送到生活垃圾填埋场填埋处理。"

他正说着，一辆收运车赶来，将车尾对准料口的闸门。完全封闭，怪不得没有味道呢。

"这个储存坑好大啊！"看着眼前的庞然大物，几个孩子叫起来。

"我们的储存坑有 60 米长，70 米宽，25 米深！"李叔叔说。

隆隆巨响声中，工作人员对准电脑屏操作两个巨型钢爪——一抓就是 1000 千克。

"我有问题。"罗小拉举起手，"像餐厨垃圾都有水分啊，这些水可是不能燃烧的呀！"他又想起了王奶奶。

"这个问题问得好。"李叔叔带大家来到另外一个车间。"我们需要将垃圾坑中的垃圾沥出污水，沥水后进行二次处理。"

"这些垃圾是如何发电的呢？"米小洁好奇地问。

"垃圾被送入下料槽，传到十层楼高的焚烧炉进行完全燃烧，通过余热锅炉产生蒸汽进入汽轮机推动发电组发电。"车间的工作人员王叔叔笑起来，"因为垃圾坑里面气压比外面低，所以臭味是跑不出去的。"

　　"剩下的泔水保存到密封容器内，通过发酵产生沼气进行沼气发电。"王叔叔耐心地讲解着。

　　"那么，有害垃圾怎么办呢？万一混进去……"米小洁的问题一个接着一个。

"这些有害垃圾要进行预先处理，达标后才能够进入填埋场填埋呀。直接填埋会造成污染土地和地下水的隐患呢。"王叔叔接着说。

"哇，真是太先进啦！"米小洁兴奋地说。

"垃圾是一种放错地方的资源。"李叔叔语重心长地说，"虽然有这么先进的处理方法，但是如果不正确分类处理垃圾，就会产生有害物质污染环境，甚至会危害到地球上的其他生物。"

"有一年，在广东的沙滩上，一只抹香鲸被冲到了岸上。这头庞然大物再也没能回到海里，科学家们在解剖尸体时发现它的肚子里有大量的渔网和塑料制品。更遗憾的是里面还有一只未出生的抹香鲸宝宝。"

"啊？这么严重！"王大宝的脸就像罗小拉一样红了起来，为自己之前的行为感到羞愧，看来这次参观他的收获最大！

"怎么样？要是你的肚子里也装满这些垃圾……"米小洁说。

"好了好了，我知道错了。我回去就进行垃圾分类！"王大宝羞愧地说。

罗小拉趁机凑过来："哈哈，别说得这么轻松，想要准确分类可没那么容易！不过，如果你加入我的垃圾分类小分队，我就可以准确帮你辨别啦！"

"罗小拉，你请我来参观的目的就是这个吧！"王大宝尖叫着。

垃圾分类小分队在行动

测一测，看看垃圾分类的盲区你都清楚吗？

可降解塑料因为降解时间长、难以与其他塑料区分，一般被列入其他垃圾，而玉米核、坚果、果核、鸡骨则是餐厨垃圾。

弄脏的纸不算可回收的废纸。沾污的纸如厕纸、卫生纸、吸油纸等不要放入可回收垃圾桶，这些纸属于"其他垃圾"。

有液体的饮料瓶不能直接投入垃圾箱，饮料瓶里剩下的液体不能马上回收，需要先倒掉剩下的液体并洗干净后，才能回收。

与尘土、灰尘清扫归成一堆的落叶，属于不可回收垃圾。而刚掉落的枯枝败叶、枯萎的鲜花归属于餐厨垃圾，因为它们能够降解成肥料，家中有养花草的小伙伴不应该把它们与尘土放在一起。

李叔叔又把大家带到了荣誉室进行参观。

"垃圾分类只在大城市里有吧？"王大宝兴冲冲地说，"在农村，应该就是自然降解了吧？"

"才不是这样。"李叔叔告诉大家，"垃圾回收处理在任何地区都可以进行。你们看，这是建国村的照片。村里不仅看不到垃圾，连灰尘也很少见。村庄内整整齐齐地排列着七个垃圾桶，光可回收物，就被仔细地分成了五类。"

"哦哦，我明白啦。所谓的垃圾分类并不是所有地区都是一样的分类方法，而是根据不同的情况，采用不同的方法。分类的目的是为了更好地回收。只要能够分得清楚合理，就能提高后期垃圾处理的效率啦！"王大宝兴奋地说。

　　"王大宝，这样你就没理由不进行垃圾分类了吧？"罗小拉调皮地问。

　　"嗯，好吧！想不到垃圾处理厂这么大，参观到现在，我肚子都饿了。"王大宝说。

"既然来了我们这里，当然不能让你饿肚子。我们到食堂美餐一顿吧。"李叔叔边说边引导大家往食堂走。

想不到垃圾处理厂的美餐是盒饭。

不过，这盒饭有些不一样！装在可以清洗的盘子里。

"很多人喜欢吃外卖，即便只买一菜一饭，也要附带两个塑料盒、一双筷子和一个塑料袋。"李叔叔又给大家进行垃圾分类教育，"其实如果从源头做起，少用一次性物品，是不是更环保呢？"

吃完饭，在餐厅出口站着一个阿姨。指导大家把垃圾进行分类。
罗小拉悄悄和米小洁咬耳朵："和垃圾王国是一模一样的呀！"

"垃圾分类虽然前期会麻烦一点儿，但是点滴积累起来，保护的是整个地球。"米小洁深有感触地说。

其他垃圾

剩菜剩饭

汤

剩菜剩饭

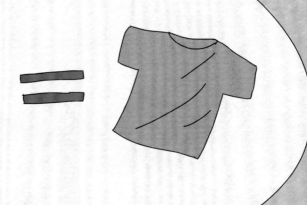

"啊！"王大宝叫起来，吓了大家一跳，"老师也说过，15个塑料瓶可以做一件T恤，把有用的垃圾挑出来，会创造更大的回收价值。我要改掉过去的行为。"

"太好了，我也要送你一份礼物！"罗小拉把一枚绿色的徽章别在王大宝胸前，"加入我们的垃圾分类小分队吧，和我们一起行动起来。在实际行动中，相信你也能练就垃圾分类的火眼金睛。"

　　"垃圾分类虽然有规矩可循，但是遇到具体情况也要具体分析。"李叔叔说，"这里有一些常见的垃圾需要进行分类，也是今天参观后我给大家留的作业，希望大家都能完成好，并且能够随时对照自己的生活加以检查。"

一起来垃圾分类吧

下面哪些是其他垃圾？哪些是厨余垃圾？请标出来吧。

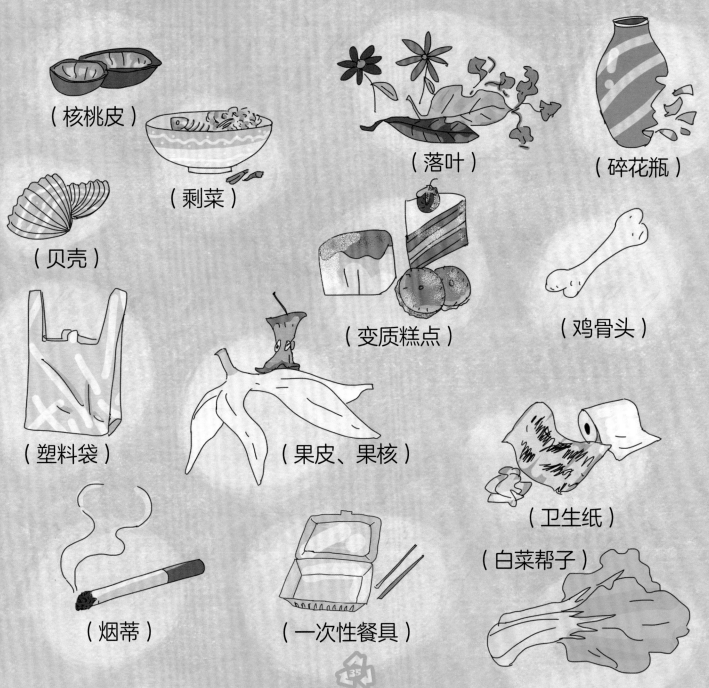

（核桃皮）

（剩菜）

（落叶）

（碎花瓶）

（贝壳）

（变质糕点）

（鸡骨头）

（塑料袋）

（果皮、果核）

（卫生纸）

（白菜帮子）

（烟蒂）

（一次性餐具）

"哥哥，哥哥！"王大宝的妹妹推开他的房门。"我们的垃圾桶上怎么多了几张纸条？我一看就知道是你写的字！"

王大宝严肃地点点头："因为我今天上了非常有意义的一课。我要从家里开始，开展垃圾分类活动，——你在干什么？"

蔬菜，风干食品

剩菜剩饭

茶叶渣，中药材

水产及其加工食品

过期食品

调料，酱料

谷物类及其加工食品

肉蛋及其加工食品

妹妹被王大宝吓了一跳："我，我刚吃完东西，用纸巾擦嘴，怎么了？"

"你把纸巾扔进可回收垃圾桶里？纸巾由于水溶性太强，被列为其他垃圾！"王大宝对妹妹说。妹妹不服气了："纸巾，有个'纸'字，我可知道，纸是可回收垃圾！"

"纸巾放进水里就会变成散片，那还怎么回收？"王大宝对妹妹耐心讲解着。

"好啦，现在我们把家里的垃圾好好整理一下吧！"妈妈对兄妹俩说。

家庭常见垃圾是怎样分类的呢？你能准确区分吗？

（牛奶的包装盒）

（爷爷看过的报纸、旧书）

（妈妈的化妆品）

（废旧的玩具）

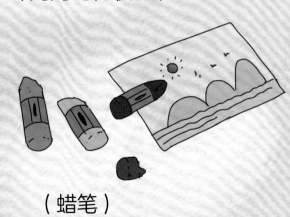
（蜡笔）

"但是，垃圾分类会不会很占空间啊，我们家的厨房本来就小……"
面对妹妹的疑惑，王大宝用自己在网上学到的知识来告诉妹妹答案。
　　"妈妈，给我两个塑料袋，几个夹子。我要把垃圾桶大改造！"
　　在王大宝的巧手处理下，垃圾桶一分为
二，厨余垃圾、其他垃圾有了各自的家。真
是太好啦！

"妹妹，你表现得这么好，哥哥要送给你一件礼物。"王大宝送给妹妹的正是罗小拉送给他的环保勋章。想不到妹妹噗地笑了。她悄悄和哥哥咬起了耳朵。

"什么？你也要组织环保小分队？还要设计出更好看的徽章？"

"是呀，我们每个人都要积极参与到环保行动中来，众人拾柴火焰高嘛！"妹妹兴高采烈地说。

"看，社区也发放了环保宣传材料呢！"
妈妈看兄妹俩说得热闹，也凑过来说。

"我们不要拖社区的后腿啊！"王大宝
叫起来。

请设计属于自己的环保徽章，向更多的
人宣传环保知识吧。

43

科普小知识

如何进行垃圾填埋？

对于未能进行回收利用以及焚烧处理的垃圾残渣需要填埋处理。

一种是简易填埋，只是对垃圾进行土壤覆盖，对解决蚊蝇等卫生问题起到了一定的积极作用。但是为了防止垃圾对环境造成污染，还需采用卫生填埋处理。由于垃圾填埋需要持续占地，还会留下潜在的污染隐患，所以减少垃圾产生量才是大家努力的方向。

生活垃圾卫生填埋场有哪些设备?

　　生活垃圾卫生填埋场的设备主要包括场区道路、防渗工程、雨水导排、渗滤液收集和处理、填埋气体收集处理和利用、封场覆盖系统、环境污染控制与环境监测设施、填埋作业机械设备等。

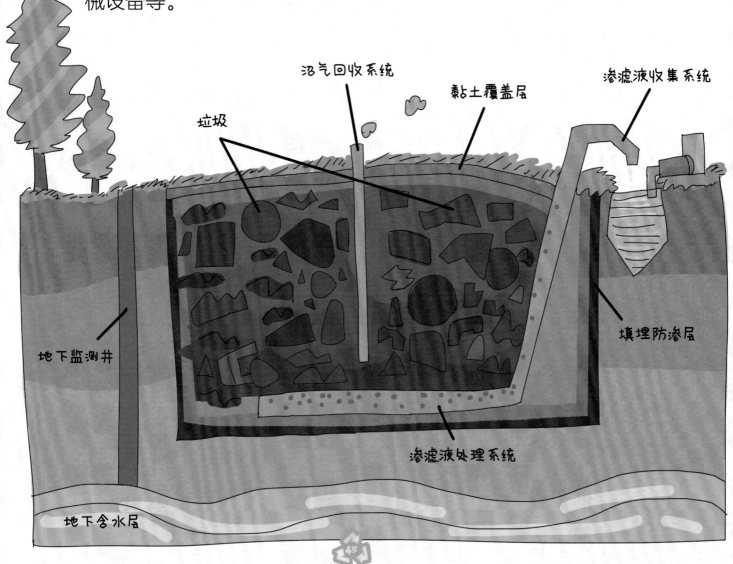

沼气回收系统

黏土覆盖层

渗滤液收集系统

垃圾

填埋防渗层

地下监测井

渗滤液处理系统

地下含水层

哪些垃圾不能进入卫生填埋场？

（1）有毒工业制品及其残弃物；

（2）有毒试剂和药品；

（3）有化学反应并产生有害物质的物质；

（4）有腐蚀性或有放射性的物质；

（5）易燃、易爆等危险品；

（6）生物危险品和未经处理的医疗垃圾；

（7）其他严重污染环境的物质。

为了保证以上物质不进入填埋场，工作人员会对进入填埋场的垃圾进行抽样检查。

怎样解决垃圾焚烧处理厂的臭味呢？

首先，垃圾清运时采用专用的密闭式垃圾运输车辆；其次，垃圾焚烧厂垃圾坑采用负压控制，臭味就不会外泄了。

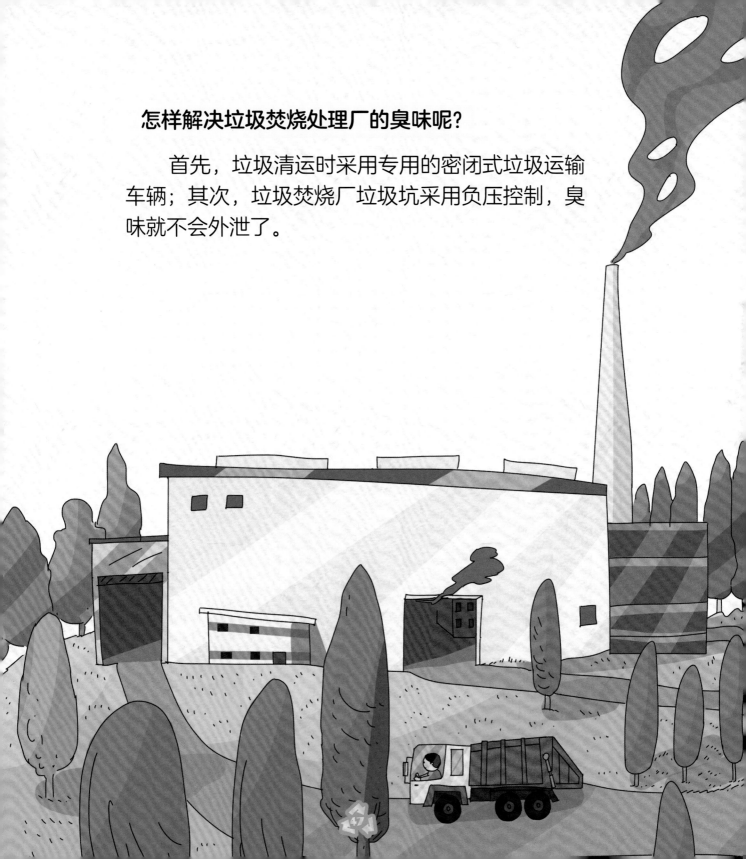

哪些垃圾适合生物处理呢?

有机垃圾可以进行生物处理,主要包括厨余垃圾(剩菜剩饭、果皮等)、动植物残体(动物尸体、树皮等)、动物粪便等。但是纸制品、塑料制品、玻璃、金属、皮革、橡胶、衣物等这些都不适合处理。能用于生物处理的垃圾都有一个特点,就是"易腐烂"。

厨余垃圾进行生物处理前为什么要分类?

　　经过分类的厨余垃圾进行堆肥处理可以作为有机肥回到土壤中，实现循环利用。为了保障堆肥质量，就需要在源头将厨余垃圾单独收集，避免塑料、金属等不能堆肥的杂质混入。

可回收物 ╱ 其他垃圾

可回收物
Recyclable

可回收物表示适宜回收利用的生活垃圾，包括纸类、塑料、金属、玻璃、织物等。

纸张：报纸、书本、纸箱、纸袋、信封等；
塑料：塑料瓶、塑料桶、塑料餐盒等；
金属：金属易拉罐、金属瓶、金属工具等；
玻璃：酒瓶、玻璃杯、窗玻璃、镜子等；
织物：废旧衣服、穿戴织物用品、床上用品、布艺用品等。

注意

投放可回收物时，应尽量保持清洁干燥，避免污染。

* 废纸应保持平整。

* 立体包装物应清空内容物，清洁后压扁投放。

* 废玻璃制品应轻投轻放，有尖锐边角的应包裹后投放。

其他垃圾
Residual Waste

未能分出的可回收物、有害垃圾、厨余垃圾都可以放入其他垃圾桶中。

剩饭剩菜分开扔

阿姨在指导大家把垃圾进行分类，请找出下面两幅图片中的5处不同，并圈出来吧！

答案见下页。

找到罗小·拉

淘气的罗小·拉不小心和米小·洁走散了，请帮助米小·洁找到他！

起点

终点

p51 答案：

p52 答案：